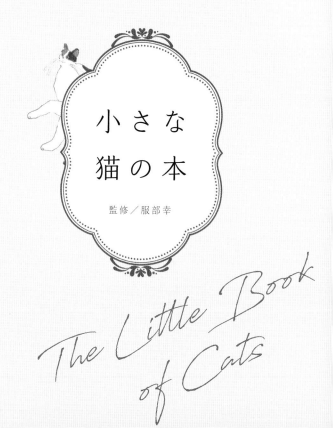

小さな
猫の本

監修／服部幸

The Little Book
of Cats

はじめに

「猫科の一番小さな動物、つまり猫は最高傑作である」とは、かのレオナルド・ダ・ヴィンチの言葉です。

静寂と暗闇を愛し、ひとたび必要に駆られれば驚くべき身体能力を見せる。自分の主は自分と言わんばかりの自由を貫き、ときにどこか神秘的な雰囲気を漂わせる。
何より、わたしたち人間を魅了してやまない猫ですから、かの芸術家をして「最高傑作」と言わしめたことも頷けます。

本書は、私たちの心をとらえて離さない猫の魅力の、ほんの一部を詰め込んだ書籍です。

世界のさまざまな猫種の紹介（もちろんここでは紹介しきれ
なかった猫種がたくさんあります）にはじまり、国内外の有
名猫スポットや、世界で愛されるSNSの猫ちゃんアカウ
ント、猫が登場する絵画や文学など、猫の姿をさまざま
な角度から見つめることができます。

気になる項目からパラパラと、頭からじっくりと。
愛すべき猫の世界を、心ゆくまでお楽しみください。

目次

第2章
アメリカ生まれの猫

第 5 章
猫の豆知識

第6章
猫と絵画

第7章
猫と文学

プロローグ

私たちと猫との出会いは、はるか昔、1万年前まで遡ると考えられています。その根拠となるのは近年の遺伝子分析。私たちと暮らす飼い猫や野良猫はイエネコと呼ばれますが、その先祖はリビアヤマネコと呼ばれる野生の猫で、起源は約1万年前の中東と考えられています。遊牧生活をしていた人々が定住し農耕を始めたとき、大切な穀物をハツカネズミなどから守るために猫との共生が始まったのです。そして2004年、地中海・キプロス島のシロウロカンボス遺跡で発掘された約9500年前の墓。ここには成人と一緒に石斧などの副葬品に加え、リビアヤマネコの子猫が一緒に埋葬されていました。また飼い猫の存在を示すものとして、イスラエルでは約3700年前の象牙像、エジプトでも紀元前900〜1800年ごろのアラバスター像が出土。

紀元前600年ごろのギリシャの壺には、ふたりの女性が猫と遊んでいる様子が描かれ、猫が家畜としてではなくペットとして飼われていたことがうかがえます。そしてローマ帝国

の勢力拡大に伴って猫は西方のヨーロッパ全土へ拡大。さらにはメソポタミアから中国までの通商路が結ばれると陸路、海路を通じて東へも進み、ついに猫はアジアへ至ります。古代においては神聖化され、崇拝の対象とされることもあった猫ですが、中世のヨーロッパではキリスト教の広がりに伴い、迫害を受けることとなります。その美しさとときに見せる気ままな振る舞いから、悪しきもの、魔女の仲間とされたのです。猫は崇められたかと思えば忌み嫌われるという、苦難の歴史を重ねていきます。

14世紀のヨーロッパでは猫の減少によりネズミが繁殖し、ペストが蔓延します。黒死病と呼ばれた不吉な病は1300年代中盤に猛威を振るい、ヨーロッパの全人口の1/3もの人が命を落とし、これを機に猫はネズミ狩りの名手として再び脚光を浴びます。しかし16〜17世紀にかけてヨーロッパの猫たちを再び苦難が襲います。一部のキリスト教徒による魔女狩りの嵐が巻き起こったのです。多くの猫たちが「魔女の手先」として捕獲され、黒猫を中心に不幸な運命を辿ることとなりました。そんな不遇の時代にも猫たちは命を繋ぎ、猫を愛でる人々もいました。17世紀の終わりごろにはフランスで民話『長靴をはいた猫』が生まれ、文学や絵画などの作品に猫が多く描かれるようになります。猫はネズミハンターとしての家畜ではなく、愛すべきペットとして認知されるようになったのです。19世紀になると人々の猫への関心はさらに高まっていきました。『クリスマス・キャロル』ほかで知られるイギリスの小説家、チャールズ・

ディケンズの小説には幾度となく猫が登場します。ほかにもフランスの詩人、シャルル・ボードレールやアメリカの作家、マーク・トウェインも猫好きとして知られています。また近代看護教育の母、ナイチンゲールも猫を愛しました。衛生管理に厳しい看護師が生涯で60匹ほどの猫を飼ったことで、猫は不潔ではないというお墨付きを得ることになりました。当時、猫のブリーダーはまだまだ少数でしたが、イギリスでは外国の純血種の猫、アビシニアンやロシアンブルーが持ち込まれ、猫の人気が一気に加速していきます。

猫がネズミを捕獲する仕事ぶりは古来から変わりませんが、その活躍の場は広がりを見せていきます。イギリスの大英博物館では猫たちはネズミから展示品・所蔵品を守るのに活躍し、その記録は1828年まで遡ることができます。イギリスの郵政公社は1868年に3匹の猫をネズミ対策に採用。その目覚ましい仕事ぶりに多くの郵便局がこぞって雇用し、1980年代に局内で使われる袋がビニール製になるまで活躍し続けました。19世紀の後半になるとブリーディングが行われるようになり、本格的なキャットショーがロンドン・ハイドパークで開催されます。その目的は純血種の保全・改良・普及のみならず、人々の関心を高めることで猫が幸せに暮らせる社会をつくることでした。

さらにこの時代には猫にとって大きな変化が起こります。イギリスの猫保護団体が猫の福祉向上を目的に法律改正運動を展開し、猫を守るさまざまな法律が制定されたのです。そして近ごろ声高に叫ばれるアニマルウェルフェア（動物

福祉)。その議論は1960年代にイギリスから始まっています。「立つ、寝る、向きを変える、身繕いする、手足を伸ばす」という「5つの自由」は人が飼育する動物の福祉の基本として、世界中に広がりつつあります。幾多の困難を乗り越え、現代に生きる猫たち。日本においても2017年にはペットとして飼われる猫の数が犬の数よりも多くなりました（一般社団法人日本ペットフード協会調べ）。猫はこれからもきっと私たちに寄り添い、お互いにかけがえのない存在としてともに歩み続けるでしょう。

第 1 章

ヨーロッパ・アフリカ
生まれの猫

Egyptian Mau
エジプシャンマウ

「エジプトの猫」と呼ばれるエジプシャンマウ。
マウ(mau)とは、古代エジプトの言葉で「猫」
の意で、エジプトの壁画に描かれた猫に似て
いることから、イエネコの中でも特に長い歴
史を持つのではと云われています。

外見は、ワイルドな斑点模様と額のスカラベ・
マークが印象的。シャープな体は筋肉質で、
時速50kmで走ることも。その性格は外見と
は裏腹におとなしくナイーブな一面もありま
すが、家人に対しては愛情深くよく甘え、一緒
に遊びたがります。

Abyssinian

アビシニアン

エレガントで高貴な風格とエキゾチックな印象を
併せ持ち、アビシニア（現在のエチオピア）にルー
ツを持つアビシニアン。しなやかな体つきが美し
く、古代エジプトの神聖な猫の子孫である「ブルー
ナイルからの猫」という愛称を持ちます。
好奇心旺盛でフレンドリー。そして愛情の深さか
ら寂しがりな一面もあり、ひとりでの留守番が苦
手なことも。撫でたり抱っこしたり、一緒にいっ
ぱい遊んだり。毎日きちんとかまってあげると、
深い絆を結ぶことができます。

Oriental Shorthair

オリエンタルショートヘア

引き締まった体に大きな耳、アーモンド形の優し
い目をしたオリエンタルは、サイアミーズ（シャム）
の血を引いています。異なるのはその毛色。ポイ
ンテッド以外の、ソリッドからタビー、バイカラー、
パーティカラーまで、600種以上のカラーとパター
ンを有します。

そして人懐っこく、愛らしい性格はシャム以上と
云われることも。いつも人に寄り添い、一緒に
遊ぼうと誘い、隙あらば足元に頭を擦りつけ膝に
乗って距離を縮め、愛情を伝えます。

British Shorthair
ブリティッシュショートヘア

ルイス・キャロルの『不思議の国のアリス』(1865)
に登場するチェシャ猫のモデルとの説もあるブリ
ティッシュショートヘア。丸顔で微笑むような柔ら
かい表情は確かにチェシャ猫に似ています。
農場でネズミ捕りとして活躍していたころの名残
か、オモチャを追いかけるのが大好きです。堂々
とした外見のとおり、賢く、プライドも少し高め。
抱っこが苦手な個体も多いと云われ、ひとりで過
ごす時間も好む大人の猫です。

Scottish fold

スコティッシュフォールド

折れ曲がった耳が特徴的なスコティッシュフォールド。「フォールド (fold)」とは「折る・折りたたむ」などの意です。1961年、スコットランドの農家に生まれた雌の白猫・スージーがそのルーツと云われています。

その耳は生後しばらくして折れ始め、折れ方もさまざま。中には耳が立ったままのものもいます。性格は温和で甘えん坊。家族とともに過ごすのを好みます。鳴き声が小さいので、集合住宅などで暮らすのにも適しています。

デボンレックス

柔らかにウェーブした被毛から「プードルキャット」とも呼ばれるデボンレックス。大きな耳と大きな目という愛くるしい姿から映画などへの登場も多い人気者で、その起源は1959年、イングランドの南西部・デボン州に遡ると云われます。

性格は社交的で家族やほかの動物と一緒にいるのが大好き。飼い主を後追いするなど、無邪気な性格で子犬のような甘えっぷり。きっと一日中一緒にいても退屈しません。

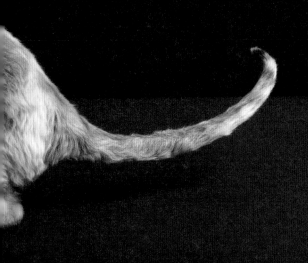

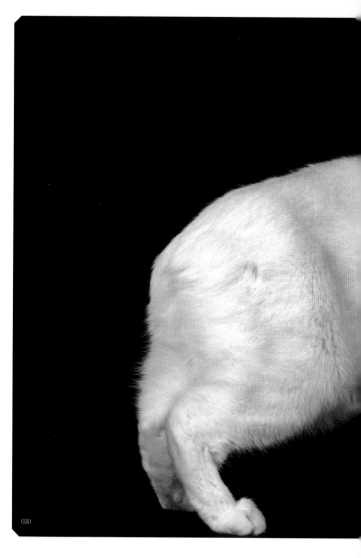

Manx

マンクス

イギリス・アイリッシュ海に浮かぶ孤島・マン島を発祥とするマンクス。しっぽがないのが特徴で、ノアの方舟にネズミを追いかけて飛び乗ったとき、しっぽが扉に挟まり切れたという伝承があります。
まん丸の目に丸顔、肩から腰にかけてのたおやかな曲線が愛らしく、性格はそのシルエットに似てとても穏やか。少しシャイなところもあり客人とは距離を置きますが、とても賢く、家族とのスキンシップやくつろぎの時間を好みます。

シャルトリュー

ロシアンブルーやコラットとともに「ブルー（銀灰色）御三家」と呼ばれるフランスの美猫、シャルトリュー。美しいブルーグレーの被毛と微笑むような口元が印象的で、元大統領のシャルル・ド・ゴールや、作家のコレットの寵愛を受けた猫でもありました。
その性格は聡明かつ穏やかで、人の言うことがわかると云われるほど。無駄鳴きもせず声も小さめなので、はじめて猫と暮らす人にもピッタリです。

Norwegian Forest Cat

ノルウェージャンフォレストキャット

「スカンジナヴィアの妖精」と呼ばれる優雅なルックス。その美しくゴージャスかつ機能的な被毛は、寒冷地の暮らしに適応したものです。しっかりした骨格と筋肉質な体は、女神フレイヤのソリを引いた猫として、北欧神話にも登場します。

性格は優しく穏やかでフレンドリー。人やほかの猫との交流も楽しみます。また狩りをしていたときの名残か、好奇心が強く活動的。体も動きも大きいので、広いスペースを確保した上で一緒に遊ぶと喜びます。

Russian Blue

ロシアンブルー

ロシアンブルーは、歴代ロシア皇帝に愛されてきた高貴な猫です。ベルベットのような美しいブルーの被毛と、エメラルドグリーンの瞳。気品にあふれた口元は「ロシアン・スマイル」と呼ばれ、見る者の心を奪います。

その性格は、穏やかで物静か。滅多に鳴かないことからボイスレスキャットと呼ばれることもあります。プライドが高く気まぐれな側面もありますが、飼い主と認めた相手には一途に寄り添う健気さも魅力です。

Siberian

サイベリアン

「シベリアの」という意味の名を持つサイベリアン。
極寒の地に生まれたこの猫は、ふわふわの被毛と
ゴージャスなしっぽが魅力的です。大型で樽型の
体は雄では 7kg を超えるものも。そのため成長
はゆっくりで、体の成長が終わるまで2～3年か
かるとも云われます。
賢い猫としても知られ、ロシアの猫サーカスで活
躍する多くはサイベリアンとも云われます。人との
交流を好み玄関でお迎えしたり、投げたボールを
取ってきたり、毎日がにぎやかに楽しくなります。

Kurilian Bobtail

クリリアンボブテイル

クリリアンボブテイルのルーツは、ロシア・クリルア
イランド（千島列島）。18世紀以前から棲息して
いたと云われます。その最大の特徴は、丸くて大
きなしっぽ。座った後ろ姿はウサギのようです。
性格はワイルドな容姿とは裏腹にとても穏やか。
野生では群れで暮らしていたからか社交性も高く、
小さな子どもやほかの猫とも仲良くできるのも魅
力です。スキンシップも大好きなので、家族の一
員として毎日楽しく過ごせます。

Turkish Angora

ターキッシュアンゴラ

トルコのアンゴラ（首都・アンカラの旧称）で生
まれ、長毛種では最も古い種の1つとされるのが
ターキッシュアンゴラです。長い四肢の優美な容
姿。そしてシルクのような被毛は美しくエレガント。
世界中の王族や貴族を虜にし、中世フランスで
は王妃マリー・アントワネットにも愛されました。
陽気で自由奔放、束縛を嫌うその姿は優雅で気
高い貴婦人のよう。家族全員でなく、自分が気に
入った飼い主だけに甘える姿はとても猫らしいの
です。

Turkish Van

ターキッシュバン

トルコ原産のターキッシュバンは、猫の中でも最
古の種の1つと云われ、紀元前の遺跡から粘土
製の小像が発見されています。とても希少な種で
現地でも地域の秘宝として尊重されています。
真っ白な胴に、頭としっぽだけに色がつく独特な
姿は「バンパターン」と呼ばれています。その柔ら
かくビロードのような被毛は撥水効果が高く、夏
には泳ぐものもいるほど。活動的な性格のため、
広々とした場所での生活が推奨されています。

Persian

ペルシャ

表情豊かでビビッドな瞳と、絹のように
艶やかでゴージャスな被毛。一目見れば
それとわかるペルシャは長毛種の王・女
王と呼ばれ、1871 年、イギリスではじ
めて開催されたキャットショーから現在
まで多くが出陣されています。
その風格からわがままに見られることも
ありますが、本当は穏やかでやさしい
性格。知的で自立心もあり家族に優し
く寄り添います。毎日のグルーミングは
欠かせませんが、いつまでも一緒にい
たい大人の猫です。

ヨーロッパ・アフリカ生まれの子猫

norwegian forest

ノルウェージャン
フォレストキャット

abyssinian

アビシニアン

british shorthair

ブリティッシュショートヘア

マンクス

スコティッシュフォールド

ロシアンブルー

衣服や布などを、前足でふみふみ、もみもみ……。
これは子猫が母猫からお乳をもらうときの行動。特
に飼い猫は、子猫の気持ちに戻って甘えたいときに
この仕草を見せてくれます。

column 🐾

眠り猫

sleeping

狩りに備えて体力を温存する肉食動物の本能から、
1日の大半を眠って過ごす猫。ぐんぐん成長する子
猫の時期の睡眠はさらに長く、20時間以上を眠っ
て過ごします。

第2章
アメリカ生まれの猫

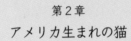

American Curl

アメリカンカール

アメリカンカールは新しい猫で、1981 年にアメリカ・カリフォルニア州のある家に迷い込んだ雌の子猫が発祥と云われます。その特徴はクルッと外向きにカールした耳。少し後ろに曲がるものから、180 度以上巻いているものまでいます。

性格は可愛らしい表情そのままに愛嬌たっぷり。社交的で子どもや来客など、普通の猫が苦手な相手でもスムーズに接することができるので若い家族も安心。子猫のような愛らしさで、みんなを笑顔にします。

American Shorthair
アメリカンショートヘア

そのルーツは 1620 年、イギリスからアメリカへ向かったメイフラワー号。その船上や上陸後の農園や住宅で、ネズミ狩りの名手として活躍した猫の子孫がアメリカンショートヘアと云われています。性格は大らかで優しく、人の膝の上でくつろぐことも大好き。また賢くハイタッチなどを覚えるものも。ハンターとしての記憶からか遊び（狩り）も大好きですが、運動不足になると体重が増えてしまうことも。毎日一緒に遊んであげましょう。

Exotic Shorthair

エキゾチックショートヘア

1960年代、アメリカンショートヘアとペルシャを
掛け合わせ生まれたのが、エキゾチックショートヘ
アです。少し離れた目と低い鼻のユーモラスな表
情ほか、その外見は短毛以外、ペルシャの特徴
を引き継いでいます。

性格は基本的にペルシャと同じく穏やかで物静
か。ほかのペットや小さな子どもとも仲良くできま
す。アメリカンショートヘアの影響かペルシャより
も活発ですが、運動能力はそれほど高くないので、
適度に遊ぶのが良いでしょう。

Ocicat

オシキャット

1960 年代、アメリカ・ミシガン州でアビシニアン
やシャム、アメリカンショートヘアを交配して生ま
れた猫がオシキャット。豹柄のようなスポット模様
を纏い、投げたものをキャッチするゲームなどを
好みます。
その性格はとても温和で、家族にもよく懐きます。
膝の上で撫でられながら優しく鳴くさまは、まる
で会話を楽しむかのよう。ワイルドな容姿との大
きなギャップを感じさせる甘えっぷりに多くの人が
夢中になるのです。

Savannah

サバンナ

野生のネコ科の動物・サーバルキャットにベンガルなどを掛け合わせたのがサバンナです。一般的なイエネコよりひとまわり大きな体は、後ろ足が発達していて4mの壁も飛び越えるとも。
性格は人懐こくて賢く、飼い主に対しても従順で、帰宅すると出迎えてくれることも。サーバルから受け継がれた立ち上がった耳や、目の横の涙跡の模様など、野生の名残のあるワイルドな見た目と、性格のギャップが魅力的です。

セルカークレックス

カールした被毛が可愛いセルカークレックス。
1987 年、アメリカ・モンタナ州の動物保護施設
に保護された巻き毛の子猫に、ペルシャなどを掛
け合わせ、ふわふわでぬいぐるみのような愛らし
い猫が誕生しました。
その性格は外見のとおり、穏やかでマイペース。
家族と過ごすのが大好きで、はじめて猫と暮らす
人でも安心です。逆にひとりでの留守番は少し苦
手。毎日いっぱいスキンシップして、愛情を伝え
てあげてください。

Himalayan

ヒマラヤン

ペルシャとシャム（サイアミーズ）の異種交配で
誕生したヒマラヤン。いつまでも撫でていたくなる
麗しい被毛と、シャムのようなポインテッドカラー、
そしてブルーの瞳が印象的です。
温厚で甘えん坊な性格は、ペルシャから引き継
いだもの。鳴き声は小さく美しく、騒いだりするこ
ともほとんどありません。日々のグルーミングなど
お世話は欠かせませんが、その華美な長毛のた
めならと思わずにはいられません。

ベンガル

ベンガルはアジア棲息のベンガルヤマネコとイエ
ネコの交配により生まれた近代種です。その野性
的な容姿を一層際立たせるのは美しい被毛。特
に豹のように濃淡のある斑点はロゼットと呼ばれ、
ベンガル固有のものです。

野生の記憶からかハンター気質も残り、活発で高
いところが大好き。愛情深く人好きで、いろいろ
な鳴き方で話しかけてくれる個体もいるほど。毎
日に刺激を与えるスパイスのような存在になるかも
しれません。

Bombay

ボンベイ

1960年代、バーミーズとアメリカンショートヘア
を交配した美しい黒猫がボンベイです。絹のよう
な漆黒の被毛は年を重ねるごとに艶と輝きを増
し、ゴールドやカッパーの大きな目は見る者を虜
にします。

シャープな容姿から「小さな黒豹」と形容される
も、性格はとてもフレンドリー。また特定の誰か
ではなく家族みんなと仲良くしたいようです。団ら
んの中で抱っこされたり、膝の上でゴロゴロ喉を
鳴らしたり。愛情を振りまきます。

Munchkin

マンチカン

短い足がなんとも愛おしいマンチカン。その誕生は人の手による交配ではなく、突然変異的に発生したものです。アメリカ映画『オズの魔法使い』の登場人物である、虹の国の小さな妖精「munchkin（子ども、短い、などの意）」から名付けられました。持ち前の明るさとエネルギッシュな動きは、見ているだけで楽しくなります。特に短い足を駆使して走る姿に、思わず微笑んでしまいます。低めのキャットタワーの用意など、足の短さを考慮した生活環境を準備してあげましょう。

Maine Coon

メインクーン

世界最大の猫(体長1m23cm！)としてギネスブックに掲載されているメインクーン。原産地はアメリカ東北部・メイン州。その起源はマリー・アントワネットのアメリカ亡命計画の際、連れてこようとした愛猫だったなど、突飛な逸話のほか諸説あります。

ネズミ狩りの名手として長らく人と暮らしてきたこともあり、賢くて遊び好き。どんなに大きくなっても子猫のように甘えられると、ギュッと抱きしめたくなります。

LaPerm

ラパーマ

歩くだけでフワフワと揺れ、まるで綿菓子のよう
な被毛。眉毛やひげもカールしていて、とても愛
くるしいラパーマ。1982年、アメリカ・オレゴン
州の農園で生まれた雌猫のカーリーがルーツの新
しい猫です。

日本ではまだあまり見かけませんが、そのキリッと
した表情から世界では美猫として人気。しかもそ
の性格は聡明で好奇心旺盛。家族みんなに懐き、
甘えます。気になる被毛のお手入れは、ショート
ヘアは1日1回程度のブラッシングで大丈夫です。

Ragdoll

ラグドール

「ぬいぐるみ」の名を持つラグドール。その起源は1960年代、アメリカ・カリフォルニア州、ペルシャとバーミーズを交配した比較的新しい猫種と云われます。

明るく長い毛はふわふわで、瞳は透明感のあるブルー。性格はおとなしく、おっとり。人が大好きで抱っこされると、全身の力を抜いて体を預ける様は、まさにぬいぐるみのよう。比較的体が大きく、体がしっかり成長するまで3〜4年ほどかかるため、子猫の可愛らしさ、あどけなさを長く楽しめます。

スノーシュー

シャム（サイアミーズ）とバイカラーのアメリカン
ショートヘアの血を引くのがスノーシュー。シャム
のような耳や顔などのポインテッドカラーに、澄ん
だ青い瞳、そして白い靴下を履いたような足先の
毛色がキュートな猫です。
社交的で甘えん坊なその性格は、誰からも好かれ
ます。またおしゃべり好きは、シャムから受け継い
だもの。柔かく優しい声で話しかけてくれます。

Somali

ソマリ

アビシニアンから派生した長毛種がソマリです。愛くるしい顔にキラキラ輝く被毛、そして狐のようなふさふさのしっぽが優美です。その鳴き声はとても美しく「鈴を転がしたような声」と形容されます。

甘えん坊で無邪気な性格から、飼い主とは密なコミュニケーションを求めます。そのため小さな子どもやほかの猫にヤキモチを焼いてしまうことも。一緒に遊んだり、抱っこしたり、たっぷりのスキンシップで心を満たしてあげましょう。

スフィンクス

一目見たら忘れられないスフィンクス。そのルーツは 1966 年のカナダ・オンタリオ州。その後、各地で生まれた無毛の猫と体毛の少ないデボンレックスを交配し、現在に至ります。

その個性的な外見とは裏腹に、人とのコミュニケーションが大好き。家族だけでなく客人にも愛嬌たっぷりに接します。細く短い毛はありますが、一般的な猫に比べて抜け毛の心配も少なめ。人とは違う猫と暮らしたいと思う人にもピッタリです。

Tonkinese

トンキニーズ

カナダやアメリカで、シャム（サイアミーズ）とバーミーズを交配させ、それぞれの良さを受け継いで誕生したのがトンキニーズ。ミンクのような麗しい被毛が美しい猫です。

その性格はシャムほど繊細でなく、朗らかで愛嬌があり、おとなになっても子猫のように無邪気です。おしゃべり好きもシャム譲り。「ごはん」や「抱っこ」など、何を言いたいのかわかるようになるとも。美しいだけではなく、一緒に暮らすのが楽しい猫です。

column 🐾

アメリカ生まれの子猫

エキゾチック
ショートヘア

アメリカンカール

ヒマラヤン

ラグドール

ベンガル

セルカークレックス

動くものを追って捕まえる野生の本能から、子猫は
兄弟猫たちと取っ組み合いのケンカ遊びをしたり、
飼い主のことを甘噛みしたりします。

column 🐾
見つめ猫

staring

猫がこちらをじっと見つめてくるときは、何かして
ほしいことや不満があるのかもしれません。何もな
いはずの場所を見ているのには、優れた聴覚や嗅覚
で、人には聞こえない音や匂いの出どころを見つめ
ている、などの理由があります。

第3章
アジア生まれの猫

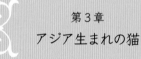

Japanese Bobtail
ジャパニーズボブテイル

ポンポンのように丸く短いしっぽが
可愛いジャパニーズボブテイル。江
戸時代に東南アジアから渡来した
猫と日本の土着猫との子孫と云わ
れています。1960年代にアメリカ
に渡り、猫種として確立されまし
た。以来、浮世絵などに描かれ
たり、招き猫のモデルになったり。
また欧米などでも "Mi-ke" と呼ば
れ人気を博しています。
その性格は温厚で知的。人にもよ
く慣れますが、過度に甘えること
のないクールな一面も。スマート
な容姿と相まって、その猫らしさ
が愛おしく感じます。

コラット

タイ・コラット地方で生まれ、昔から大切にされてきた猫種です。その記録は 14 〜 18 世紀のアユタヤ王朝時代まで遡ることができます。また言い伝えも数多くあり、サテンのような被毛は富と幸運、宝石のようなグリーンの目は豊作の象徴とされ、結婚のお祝いにペアで贈ることもあったそうです。

その性格は愛情深く賢い反面、放っておかれると拗ねてしまうなどプライドの高いところも。高貴な容姿ゆえのわがままと愛でるしかありません。

Siamese

サイアミーズ

タイで古来より愛されてきたサイアミーズ（シャム）。「幸運を呼ぶ猫」とされ、王室や貴族などだけが飼うことを許された特別な猫でした。そのポイントカラーとサファイアブルーの瞳は、世界で人気を博し、ヒマラヤンやトンキニーズなどの原種となります。

そんなシャムの性格は気高さを感じさせながらも、抱っこやおしゃべりなど人とのコミュニケーションも大好き。スマートな外見とのギャップにも多くの愛猫家が魅了されています。

Birman

バーマン

フワリとしたポイントカラーの被毛と手足の「靴下」
が印象的なバーマン。その名の由来は生まれた古
代ビルマ（現在のミャンマー）とされています。
性格は温厚で愛情豊か。賢く社交的なので小さ
な子どもやほかのペットとも仲良くできます。また
甘えたいからか、その大きな体を新聞や携帯電
話の間に滑り込ませたり、家事を手伝おうとする
ことも。「後でね」と言われても、ついちょっかい
を出してしまう甘えん坊な一面もあります。

Burmese

バーミーズ

バーミーズのルーツはコラットやシャムと同じく、数百年前のビルマ（現在のミャンマー）やタイと云われます。丸みを帯びた体は短い被毛を纏い、サテンのようになめらか。手ざわり、抱き心地の良い猫です。

その性格は明るく朗らか。社交的で来客があると自分から愛想を振りまく猫もいます。また話しかけると可愛い声で返事をすることから「話し上手な猫」と形容されることも。家族に迎えると、きっと毎日が明るく楽しくなります。

Singapura

シンガプーラ

平均 2〜3kg と云われる小柄な体に愛くる
しい目が印象的なシンガプーラ。その名のと
おりシンガポールで見つかった猫をルーツに
1970 年代からブリーディングが始まりました。
明るい性格と筋肉質の体が相まって毎日元気
いっぱい。高いところから人の肩に飛び乗っ
て驚かせることもあります。その一方で感受
性豊かで飼い主の気持ちを察し、悲しいとき
に寄り添ってくれる優しさも。家族の一員とし
てかけがえのない存在になります。

アジア生まれの子猫

japanese bobtail

ジャパニーズ
ボブテイル

korat

コラット

siamese

サイアミーズ

シンガプーラ

バーミーズ

バーマン

子猫は移動の際、母猫に首の後ろをくわえられ、リラックスしておとなしく運ばれます。成猫も、首筋をつままれると心拍数が下がるなど、鎮静反応をみせます。

お座り猫

sitting

どんな姿も魅力的な猫ですが、座った姿の曲線美も
猫好きにはたまりません。猫は動物の中でも警戒心
が強いため、お座りして背中を向けてくれるのはあ
なたを信頼している証拠です。

第4章
世界ねこめぐり

サントリーニ島 | ギリシャ
Santorini

ギリシャ南東部、エーゲ海と白壁の家々のコントラストが美しいサントリー二島。世界的に人気の観光地をさらに魅力的にしているのは猫たちです。青い海を臨むカフェで、迷路のような白い小路で、気ままに過ごす猫たちから目が離せません。どこを切り取っても絵になる猫の楽園では、時間はいくらあっても足りません。

マルタ島 | イタリア
Malta

地中海の真ん中に位置するマルタ島。人口の2倍もの猫が暮らすそうで「猫の楽園」と云われる所以です。日向の路地で昼寝したり、カフェでおすそわけをもらったり。猫たちの自由気ままな暮らしに寄り添っているのは、ほかでもない地域の人々。食事の世話や健康管理などを献身的に行い、ほほえましい共同生活が続いています。

ドゥブロヴニク ｜ クロアチア

Dubrovnik

アドリア海を臨む小さな港町・ドゥブロヴ
ニク。紺碧の海を背景に橙色の屋根が連な
る美しい街並みは「アドリア海の真珠」と
称されます。この街で出会う猫たちに導か
れるまま石畳の路地を進むと、まるで中世
のヨーロッパへタイムトリップしたかのよう。
猫の国と云われるクロアチアならではの不
思議な時間が過ごせそうです。

エルミタージュ美術館 ｜ ロシア
Hermitage Museum

ロシア・サンクトペテルブルクのエルミター
ジュ美術館。世界遺産にも登録される美術
館で警備員を務めるのは猫たちです。彼ら
は地下の広大な収蔵庫でネズミなどから美
術品を守っています。そんな猫たちは美術
館の職員だけでなく、市民からも愛される
存在。毎年春には猫たちに敬意を表す祝日
が設けられ、猫好きでにぎわいます。

イスタンブール｜トルコ

Istanbul

数千年にわたり東西の接点となってきたイスタンブール。4つの保護地区が世界遺産に指定されており、ローマ帝国、ビザンツ帝国、オスマン帝国、3つの帝国の首都として繁栄した歴史が色濃く残ります。世界遺産と猫のマリアージュに目を奪われてしまいます。

エフェソス遺跡 | トルコ
Ephesus

トルコ西部・エフェソス遺跡では、世界七不思議のひとつ・アルテミス神殿ほかの貴重な遺跡群が観光客を魅了しています。そんな神秘的な遺跡の中にも猫たちは暮らしています。多くの猫は観光客にも慣れていて、遺跡と猫の映える写真もおてのもの。古代ロマンを現代に語り継ぐ、可愛い守り神を愛でに旅したくなります。

123

シェフシャウエン | モロッコ
Chefchaouen

モロッコ北部、山あいの小さな街・シェフシャウエン。さまざまなブルー
で彩られた美しい街並みに、世界各地から観光客がやってきます。そし
てここにも猫たちは暮らしています。土産物屋や雑貨店の店先でのんび
りくつろぐ様子は、つい目を細めてしまいます。そして彼らをあたたかく
見守る人々のやさしさをうれしく思います。

バンコク ｜ タイ
Bangkok

仏教伝来の際、経典をネズミから守るためにやってきたと云われるタイの猫。そのせいか今でもバンコクの寺院では多くの猫を見かけます。ほかにも地元の人でにぎわう市場、そしてカフェや雑貨店などには看板猫がいることも多く、コンビニの店内で出会うこともあるとか。そんな猫たちに会いにフラリでかけませんか。

バリ島 | インドネシア

Bali

1万7千を超す島々からなるインドネシア。
なかでも人気のバリ島は寺院も多く、パワー
スポットとしても知られています。そしてこ
こで暮らす猫たちは、神の化身であり神聖
な動物とされています。お土産として人気の
置物・バリ猫も、部屋に飾ると幸運を招く
と云われています。お気に入りの1匹を見つ
けて、連れて帰りましょう。

猴硐 ｜ 台湾

Houtong

台湾の北部、猴硐（ホウトン）は、世界各地から猫好きが集まる猫の村。どこかノスタルジックな街並みに溶け込む猫たちは、みんな毛艶よく地域の人たちに大切にされているのがわかります。駅近くの売店などでは猫のごはんも売られているので、猫たちと楽しい時間が過ごせそう。のんびり街歩きしながら、猫と戯れたくなります。

小樽 ｜ 北海道

Otaru

小樽の小さな漁港には、有名なボス猫・ケンジがいます。8kgを超える恰幅のいい体と愛嬌のある優しい表情は SNS でも人気で、写真展も開催されるほど。特定の誰かに飼われることなく、いくつかの家庭や会社でお世話になりながら浜や街をパトロール。人々を繋ぎ、みんなを笑顔にするケンジ。見ているだけで心が和みます。

田代島 | 宮城
Tashirojima

石巻市沖合の田代島は島民 60 人に対し猫が 200 匹。最も猫の多い猫島とも云われ、年間 4 万人もの観光客が国内外から訪れることもあるとか。人懐こい猫たちはもちろん、猫を祀った猫神社や猫モチーフの建物など映えスポットの連続で毎日が猫日和。一度は訪れ、猫まみれになりたい島です。

芦ノ牧温泉駅 | 福島

Ashinomaki Onsen Station

会津鉄道・会津線「芦ノ牧温泉駅」で人気
を博すのは猫の駅員たち。駅員と同じ帽子
や制服を着用し、列車のお見送りや駅舎の
パトロール、待合室でのおもてなしなどに励
んでいます。SNS では出勤日の告知ほか動
画の発信、さらにはグッズ販売までその活
躍は多彩。彼ら目当てに海外から訪れる団
体の観光客もいるそうです。

江の島 | 神奈川
Enoshima

神奈川・湘南海岸に浮かぶ江の島は、鎌倉にもほど近い人気の観光地ですが、実は猫島としても知られています。港や路地、神社やお寺にたたずむたくさんの猫たち。多くは毛艶もよく表情も和やか。地域の人々と共生し、のびのび暮らす様子からは、その信頼関係が垣間見えるよう。幸せな時間が続くよう願わずにはいられません。

佐柳島 | 香川
Sanagishima

青い海と空を背景に猫たちがジャンプする
写真が大人気なのは、瀬戸内海に浮かぶ佐
柳島。堤防の隙間を猫たちが飛ぶ姿はなん
とも可愛いく、実際に見てみたくなります。
また佐柳島では猫への餌やりが OK なので、
猫たちとの交流も楽しみ。廃校になった学
校をリノベしたホステルや喫茶店もでき、ま
すます猫好きが集まりそうです。

夢二のねこと黒の助

大正ロマンを代表する画家・竹久夢二。その故郷にある夢二郷土美術館では夢二の豆本『猫』から飛び出てきたような黒猫・黒の助がお庭番を務めています。出勤日は猫らしく「気まぐれ」ですが勤務状況は SNSで確認可能。またイラストになった黒の助はグッズや美術館への直行バス（現在は運休中）に！　愛くるしい黒猫に会いに行きたくなります。

お庭で勤務中の黒の助

尾道市立美術館 | 広島
Onomichi City Museum of Art

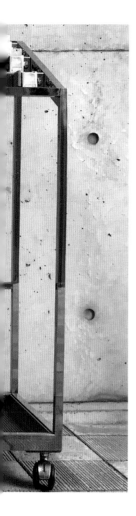

しまなみ海道を一望する小高い山にある尾
道市立美術館。その公式 SNS で世界から
注目されるのは、美術館に入りたい猫と警
備員さんとの攻防です。黒猫のケンちゃん
はゴロンとおなかを見せるなどして突破を試
みますが、毎回警備員さんに笑顔でいなさ
れて。そんな交流は 2017 年に始まり現在
も継続中。見ているだけで楽しくなります。

日本人と猫

現在、私たちと暮らすイエネコのルーツは奈良時代。
中国から送られた貴重な仏教経典をネズミから守る
ために一緒に船に乗せられていたと考えられていま
した。

しかし 2007 年に兵庫県姫路市の見野古墳群にて、
古墳時代のものとみられる須恵器（土器）に猫の足
跡が発見されます。また 2011 年に長崎県壱岐市に
ある弥生時代後期のカラカミ遺跡から出土した猫の
骨はリビアヤマネコをルーツとする猫の可能性が高
いとされ、その起源は一気に弥生時代にまで遡るこ
ととなりました。

また日本最古の猫の絵とされるのは平安時代末期の
絵巻物・信貴山縁起です。赤い首輪をつけられた猫
が座敷の奥にいるのに対し、犬は家の外にいてその
扱いは対照的です。当時はまだ猫の数が少なく、一
部の高貴な人に飼われていたのかもしれません。そ
んな猫が外を自由に出歩くようになったのは、徳川

家康がネズミ対策として発布した「猫の放し飼い令」
がきっかけ。これによりネズミの害は少なくなり、
市中を多くの猫が闊歩するようになり、猫を飼う習
慣も徐々に定着していきました。
そして現代の日本では、多くの野良猫が棲息してい
ます。一見、気ままで自由に見えるその暮らしです
が、屋外には感染症などの病気や交通事故などの多
くのリスクがあり、野良猫は長く生きられません。
そんな不幸な猫を減らすために各地で盛んに行われ
ているのが地域猫や保護猫などの活動です。遥か昔
より私たちを魅了し、一緒に歩んできた猫たち。そ
んな猫たちがみんな幸せに生涯をまっとうできたら
と願わずにはいられません。

Hosico Cat | @hosico_cat

Hosico

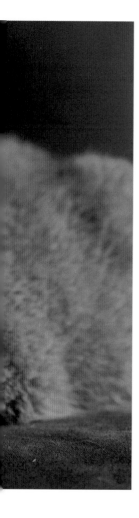

ふわふわの毛並みと緑の瞳が印象的な、ス
コティッシュストレートのホシコ。"Hosico"
の名前は、日本語の「星の子」に由来する
のだそう。Instagram のフォロワーは 188
万人超え、オリジナルグッズが展開されるな
ど、世界で大人気です。

Nathan & Winnie the Beach Cats | @nathan_thebeachcat
Nathan & Winnie

ビーチで泳ぐことが大好きな2匹の黒猫、ネイサンとウィンストン（ウィニー）。2匹はともに、英国王立動物虐止協会からの保護猫です。SNSでは、2匹がアウトドアを楽しみ冒険する姿を見ることができます。

グレーのチャーリー、ホワイトのボビー、チョコレート色のテディは、ブ
リティッシュショートヘアの三兄妹。昼寝とくつろぐこと、そして遊ぶこ
とが大好きな3匹の愛らしさがたまりません。

Luna | @lunathelittletiger

Luna

2023 年の 5 月生まれのルナ。SNS では元気いっぱいに遊び、駆け回る姿を見せてくれます。輝く美しい瞳と子猫らしいあどけなさに、多くの猫好きが虜になっています。

飼い主の帰宅を、玄関まで勢いよく走ってお出迎えする様子が可愛らしい茶トラ猫。一生懸命に足を動かす姿に夢中になってしまいます。

伝説の猫 / 世界

すいこまれそうな青い瞳とミトンをつけたような白い足先が魅力的なバーマン。フワフワの被毛はなめらかで美しく、性格も温和で人気のある猫です。この美しい猫・バーマンはビルマ（現在のミャンマー）が原産とされます。またたくさんの伝説もあり、中でもよく聞かれるのがムンハという高僧にまつわるものです。

舞台は古代ビルマにあったラオ・ツン寺院。ここにはサファイアブルーの瞳をした黄金の女神、ツン・キャン・クセ（Tsun-Kyan-Kse）が祀られ、女神はその青い瞳で人々の輪廻転生を見守っていました。寺院にはムンハという白髪の高僧が100匹の猫と暮らしており、その中にはシンという真っ白な猫がいました。シンは信心深く、僧侶が瞑想するときにはいつもそばにいました。

しかし、ある夜、寺院は盗賊に襲われ、ムンハは亡くなってしまいます。そのときシンがムンハの頭に

飛び乗ると、女神と見まがうサファイアブルーの瞳と黄金色の身体、白髪にふれた足先が真っ白に変化したのです。その後、亡くなったムンハから離れようとしなかったシンもこの世を去りますが、その翌朝には寺院にいたほかの猫たちもシンと同じような瞳と身体、足先に変化したというのです。この神秘的なエピソードからバーマンは女神の生まれ変わりの神聖な猫と云われるようになりました。

そして20世紀初頭、あるフランス人がバーマンのつがいをフランスへ持ち帰ったのが、現在のバーマンのルーツと云われています。第二次世界大戦ではその数は2匹まで減り絶滅の危機に瀕しますが、なんとか生き延び、現在は世界中で愛されています。

伝説の猫 / 日本

可愛く愛くるしい容姿で人気のある猫ですが、日本
では古くから妖怪として描かれたり、全国各地に怪
奇な伝承も残されたりしています。どうしてなので
しょう?

その理由として考えられるのは、猫の身体的特徴や習
性。たとえば、周囲の光量で変化する目は、夜に怪し
く光ることがあります。暗闇の中を音もなく歩く様子
や、高所へのジャンプなど軽妙な身のこなしに驚かさ
れることもあるでしょう。また明朗快活で聞き分けの
良い犬とは異なり、猫の気ままな振る舞いはどことな
くミステリアスな雰囲気を醸し出しています。

そんな猫の妖怪の代表格といえば、化け猫・猫又で
す。その区別はあいまいですが、怪異な所業は人に
化ける、人を祟る、死者を操るといったおどろおど
ろしいものから、手拭いを被り踊る、人に化けて相
撲を取りたがるなどユニークなものまでさまざまで
す。また貧乏な寺に飼われていた猫が恩返しをする

説話や、ネズミを駆除した猫を祀った猫神社がある
など、エピソードに事欠きません。また浮世絵や絵
巻物などにも可愛い猫だけでなく化け猫・猫又は多
く描かれています。猫がそれだけ古くから私たちの
暮らしに寄り添ってきた証だと言えるのではないで
しょうか。

「10年生きた猫は化け猫に、20年生きた猫は猫又に
なる」という俗説は今でもよく聞かれますが、昨今、
猫の生活環境は大きく改善され、20歳まで生きる
猫も珍しくはありません。猫と長く一緒にいられる
こと、その柔らかで温かい身体を愛でられることは
嬉しい限り。これからもずっと、楽しく穏やかに過
ごせたらと思います。

第5章
猫の豆知識

white

猫の毛色と柄

🐾ホワイト

毛色を作る遺伝子の影響で色素が作られず、毛が全身白い猫です。

black

ソリッド

斑点や縞などの模様がなく、全身の毛色が1色（単色）の猫。

🐾ブラック

全身黒一色の猫です。

blue

🐾ブルー

灰色の猫は「ブルー」と呼ばれます。美しい毛色の濃淡が神秘的な雰囲気を感じさせます。

🐾 バイカラー

黒の部分が多い「黒白」や、
白が多い「白黒」、白にグレー
（ブルー）、白に茶のバイカ
ラーなど、多くの組み合わ
せがあります。

bicolor

パーティカラー

白・黒・茶から2色
または3色が組み合
わされた毛柄です。

calico

🐾 キャリコ（三毛）

3色（白・黒・茶）の毛柄。
遺伝的な理由でオスが少な
く、大半がメスです。

🐾 トーティシェル
　　（サビ）

tortoiseshell

黒・茶の2色がまだらの猫でベッコ
ウ（英語で tortoiseshell）の意味。
日本ではサビ猫とも呼ばれます。

classic tabby

猫の
毛色と柄

🐾 クラシックタビー

胴体にある渦巻きのようなマーブル模様
と、肩にある蝶が羽を広げたようなバタ
フライマークが特徴です。

spotted tabby

🐾 スポテッドタビー

タビーの縞模様が途切れて
楕円や丸の斑点が広がった
模様です。ベンガルなどに
見られます。

タビー

ソリッドに対し、
スポット、トラ柄などの
模様を持つ毛色。

🐾 ティックドタビー

1本1本の毛に濃淡があり、一見
ソリッドのようでも見る角度によっ
て輝き・色合いが変わります。

ticked tabby

❧ブラウンマッカレルタビー（キジトラ）

日本でも多く見られる毛柄です。マッカ
レルタビーは、日本では色によってサバト
ラ、茶トラ、キジトラなどと呼ばれます。

brown mackerel tabby

マッカレルタビー

マッカレル（Mackerel）
は魚のサバ。横腹に
トラのような縞模様の
猫です。

silver mackerel tabby

❧シルバーマッカレルタビー（サバトラ）

文字どおり、魚のサバに
似た毛柄です。毛の根元
は白です。

red mackerel tabby

❧レッドマッカレルタビー（茶トラ）

イエネコらしい優しい雰囲気を持つ
毛柄です。

猫の毛色と柄

seal point

🐾 **シールポイント**

シール（seal）とは英語で「アザラシ」の意。

lynx point

🐾 **リンクスポイント**

ポイントカラーの中に縞模様が入ります。

ポインテッド

顔、耳、前足、後足の先、尾に色が濃くつく毛柄です。

🐾 **ブルーポイント**

blue point

🐾 タビー＆ホワイト

タビーの柄に部分的に白が
入る毛色です。

tabby and white

🐾 ポインテッド＆ホワイト

ポインテッドの柄に部分的
に白が入る毛色です。

pointed and white

猫の
毛色と柄

chinchilla silver

🐾 チンチラシルバー

🐾 チンチラゴールデン

chinchilla golden

ティップド

白い毛の先端に
色が入ります。
色の割合で呼び名
が変わります。

🐾 シェーデッド

shaded

🐾 スモーク

smoke

🐾 ハチワレ

ハチワレ（八割れ）は、猫の顔の模様の
呼び名です。八の字は末広がりを意味す
ることから縁起のよい福猫とも。

tuxedo

🐾 靴下猫

毛皮の上から白い靴下を履いたよう
な猫。その靴下は指先だけだったり、
足袋、ハイソックス、左右を間違え
て履いたような非対称のものまで。
見ているだけで楽しくなります。

cat with white paws

猫の
体型
（ボディータイプ）

oriental type

オリエンタル

胴から手足、
しっぽまで細長く。優
雅なシルエットです。

フォーリン

長い体はやや細めで
美しいスタイル。
猫らしい容姿です。

foreign type

猫の
体型
（ボディータイプ）

コビー

胴が短くコロコロした
丸みがかわいい。愛嬌
のあるルックスです。

cobby type

ロング＆
サブスタンシャル

大型で胴長の力強い
ボディーを持ちます。

long and substantial type

猫の目
（アイカラー）

猫の目の色は「虹彩（黒眼の大きさを調節する膜）」のメラニン色素の量により変わり、その量が少ないと薄く、多いと濃くなります。また生まれたばかりのほとんどの子猫がキトンブルーと呼ばれる灰色から青い目をしているのは、メラニン色素がまだ定着していないためです。

🐾 ブルー

blue

神秘的な青い瞳。メラニン色素が少なく虹彩が透明なため、空が青いのと同じ原理による現象です。

🐾 グリーン

グリーンの瞳もメラニン色素が少なめです。

green

🐾 ヘーゼル　*hazel*

外側が薄い茶や黄、内側が緑の目色です。光によって見え方が変わります。

🐾アンバー

アンバーとは「琥珀」の意味。

amber

copper

🐾カッパー

銅色の瞳。カッパーは「銅」の意味。
メラニン色素が多く含有される赤茶
色の瞳です。

odd eye

🐾オッドアイ

左右の目の色が異なる猫で、両眼
の遺伝子の作用が違うことにより
生じます。白い毛色を持つ猫に多
く見られます。

飛び猫

猫は、自分の体高のおよそ5倍の高さまで飛び上がるジャンプ力を持つと云われています。また、どんな体勢からでも4本足で着地することができるなど、高い運動能力を持つスーパーアスリートです。

猫鍋

pot cat

入れる場所ならどこにでも入りたい、それが猫という生き物……。野生時代、猫は薄暗く狭い場所に隠れて獲物を待ち伏せる狩りをしていたため、箱やカゴを見つけると入ってみずにはいられないのです。

肉球

猫好きをトリコにしてやまない猫の肉球。可愛いだけでなく、足音を消したり、着地の衝撃を吸収したりといった役割があります。顔の毛繕いに、舐めた肉球をブラシのように使ったりもします。

第6章

猫と絵画

ジャン・ジャック・バシュリエ

Jean-Jacques Bachelier

「鳥に忍び寄る
白いアンゴラ猫」(1761)

羽ばたく鳥と、それを見つめな
がら今にも飛びかかろうとして
いる猫。暗い闇に白く浮かび上
がる両者の姿が作品全体に緊
張感を生んでいます。トルコ発
祥のアンゴラ猫(P42)は、この
絵に描かれているような柔らか
な長毛が特徴。16世紀にイギ
リスとフランスに紹介され、そ
のエレガントなビジュアルから
人気種となりました。

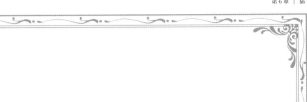

マルグリット・ジェラール

Marguerite Gérard

「猫の昼食」(1800 ごろ)

ひざまずいた女性に食事を与えられている猫と、う
らやましそうに眺める飼い犬。単独で絵の中心に描
かれていることからもわかるように、当時の猫が「家
族」の一員として、大切に扱われていることが見て
取れます。ジェラールは人物画や風俗画の分野で高
く評価された画家で、フランス革命以後は、家庭の
風景を好んで描きました。

LE RENDEZ-VOUS DES CHATS. — DESSIN ORIGINAL DE **MANET**.

エドゥアール・マネ

「猫のランデブー」(1868)

『草上の昼食』『オランピア』などの名画で知られる
マネも、猫をこよなく愛した画家のひとりでした。こ
の絵は、19 世紀フランスの小説家シャンフルーリの
本を宣伝するポスターに描かれたものです。屋根の
上ですれ違う2匹の猫。ツンとすました白猫と、ジッ
と観察する黒猫の姿は、まるで人間の男女の出逢い
を連想させます。

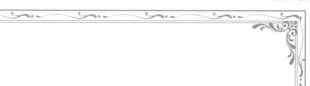

ピエール＝オーギュスト・ルノワール

Pierre-Auguste Renoir

「猫を抱く女性」(1875)

「じっとしていてね」という眼差しで、やさしく猫を抱く女性。一方、身体をこわばらせたまま、険しい表情を浮かべる猫。その対比は、飼い主と猫の強い絆を感じさせます。ルノワールは、ほかにも「少年と猫」「猫と眠る少女」などの作品を残しました。どの絵にも、愛情を注がれている幸せな猫たちを見ることができます。

フィンセント・ファン・ゴッホ
Vincent Willem van Gogh

「ドービニーの庭」(1890)

ゴッホの最晩年に描かれた作品。うねるような緑の躍動感と、画面全体を覆う不思議な静けさが印象的です。同名の絵がスイス・バーゼル美術館と、広島市・ひろしま美術館に所蔵されていますが、その違いは手前に描かれている黒猫の有無。ひろしま美術館の絵は、後で黒猫が意図的に消されていたことが、専門家の研究で判明しました。

ヘンリエッタ・ロナー＝クニップ
Henriette Ronner-Knip

「ピアノレッスン」(1897)

ピアノのまわりでは、子猫たちが
いたずらに夢中です。譜面の後
ろに隠れたり、音を確かめるよ
うに鍵盤を歩いたり……。その
様子を親猫はじっと見守ってい
ます。油絵独特のタッチが描き
出す情景は、まるでアニメのワ
ンシーンのよう。オランダ出身の
クニップは元々風景画を得意と
していましたが、その後、犬や
猫の絵で注目を集めました。

quelle qu'ait été sa maigreur, avait encore plus d'embonpoint que lui. Ebler d'un sourire où tous les os de sa mâchoire saillaient jusqu'à crever la peau sèche de son visage, marquait une orgueilleuse confiance et une égoïste satisfaction.

Quant à dame Huguette, sa voix douce jadis s'aigrissait maintenant d'un filet de vinaigre ; ses yeux tournaient au vert et ressemblaient à s'y méprendre à ceux des vieilles chattes qui poursuivent les rats, bondissant d'une gargouille à l'autre. Sous ses blanches mitaines, ses mains jaunies apparaissaient comme deux parchemins où les veines sinueuses semblaient d'énigmatiques dessins, et ses regards envieux et oisifs rêvaient encore des mystères de l'amour à l'âge où, pour les autres, il est

アルフォンス・マリア・ミュシャ

Alfons Maria Mucha

『トリポリの姫君イルゼ』より (1897)

『トリポリの姫君イルゼ』は、戯曲をもとに書かれた小説に挿絵を添え、富裕層向けにつくられた豪華限定本。この書物の挿画をミュシャが担当しました。魚、鹿、竜などとともに「猫」が象徴的なモチーフとして描かれており、繰り返し展開されるイメージが幾何学模様を構成しています。美しい挿絵は、思わずためいきが出るほど。

ピエール・ボナール

Pierre Bonnard

「子供と猫」(1906 ごろ)

ピエール・ボナールは、19 世紀から 20 世紀にかけ
て活動したフランスの画家。絵の題材に室内の身近
な光景を好んで選びました。少女になでられるまま、
目を細めている白猫と、すぐそばで順番を待ってい
るかのように、身じろぎもしないグレーの猫。それ
らが食卓の静物と渾然一体となり、日常の時間にと
けこんでいるようです。

ユリウス・アダム
Julius Adam

「籠の中の
青いタオルと猫」(1913)

カゴに入れられた2匹の子猫。
ジッと前を見つめるつぶらな瞳
からは、あどけなさが感じられ
ます。画家の筆は、子猫の毛
並みをリアルに再現していて、
今にも鳴き声が聞こえてきそ
う。アダムは「猫のアダム」と
呼ばれ、その名の通り、猫の
絵を数多く残しました。彼の描
く子猫は、どれも猫好きの心
を激しく揺さぶります。

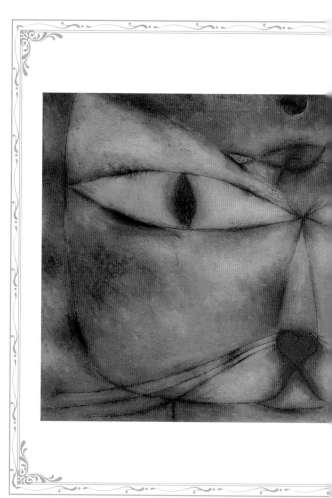

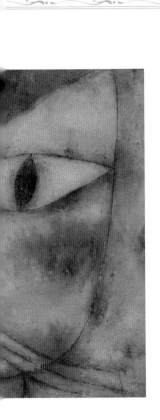

パウル・クレー
Paul Klee

「猫と鳥」(1928)

幼少期から晩年まで、私生活
では常に猫と寄り添っていたク
レー。彼の猫に対する愛が、ス
トレートに表現された作品で
す。カッと見開いた瞳と、一文
字に結ばれた口元。可愛いらし
さよりも、肉食獣としての野性
味あふれる表情が、観る者を
圧倒します。額の鳥は猫に「遊
ばされている」ようにも見えて、
想像力が刺激されます。

歌川国芳
Kuniyoshi Utagawa

「其まま地口
猫飼好五十三疋」(1848)

愛猫家の浮世絵師として知られる歌川国芳。この作品は東海道五十三次の宿場名が猫に絡めた「語呂合わせ」になっています。2本の鰹節（→だし）を引っ張り出しているから「日本橋」、焼き立ての貝を前にたじろいでいる（鼻が熱い）から「浜松」といった具合。江戸文化特有の洒落っ気あふれる作品になっています。

黒田清輝

Seiki Kuroda

「花と猫」(1906)

色鮮やかな花々と、その隅に静かにたたずむ茶色の
猫。それぞれの対照的な色合いが、絵に均衡をもた
らしています。まっすぐな猫の視線は、まるで観て
いるこちら側の心を見透かしているよう。この絵で
描かれているキジトラは、日本で一番多いと云われ
ている猫。警戒心が強いものの、一度気を許すと人
懐っこく甘えん坊な一面を見せます。

黒猫

竹久夢二

Yumeji Takehisa

「女十題 第六 黒猫」(1921)

「女十題」は、美人画の名手・竹久夢二が 10 人の
女性を描いた連作。「黒猫」では、十題のうち唯一、
西洋の女性が描かれています。こちらを見つめる女
性に抱かれ、背を向けている黒猫は一体どんな表
情をしているのか……。鑑賞者の想像を掻き立てる
作品です。

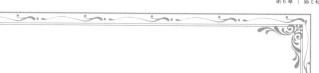

竹内栖鳳

Seiho Takeuchi

「班猫」（1924・重要文化財）

熱心に毛づくろいをしているのは、白がまじったキジ
トラ。その瞳は、エメラルドグリーンです。絵のモデ
ルになった猫は、もともと八百屋で飼われていた猫
でした。栖鳳は、沼津に滞在した際に、店先で偶
然その猫を見かけ、どうしても描いてみたくなったの
で交渉して譲ってもらった……というエピソードが残
されています。

column 🐾

猫 と 広 告

マンガにアニメ、小説など、あらゆるメディアに引っ
張りだこの猫。広告にもその姿は頻繁に登場します。
近年都内のビル屋上に現れた３Ｄ猫が記憶に新しい
「猫×広告」ですが、その歴史は古く、いつの時代も
猫が人々の関心を惹きつける存在であったことがわ
かります。

左は、1882年開業の、ル・シャノワールというフラ
ンス初のキャバレーのポスター。日本では「黒猫一
座の巡業」とも呼ばれる作品です。そのほか、洗剤
のポスターや、デンプンの販売促進用スタンドディ
スプレイに起用されるなど、広告界での活躍は続き
ます。

全く無関係の商品であっても広告に起用される猫は、
人間の視線を集めることに最も長けた存在と言える
のではないでしょうか。

パリのモンマルトルにあったキャバレー「ル・シャノワール (黒猫)」
の巡業公演を告知するポスター

猫と映画

「ボブという名の猫 幸せのハイタッチ」(2016)では
ストリートミュージシャンの青年の人生を変えたり、
「ティファニーで朝食を」(1961)でオードリー・ヘッ
プバーン演じる主人公を起こしにやってきたり……。
主役から、主人公に寄り添う愛らしい脇役まで、ス
クリーンの中でも人々に愛され続ける猫。今回は、
猫映画のひとつ「ルイス・ウェイン 生涯愛した妻と
ネコ」(2021)をご紹介します。
イギリスで猫画家として名を馳せたルイス・ウェイ
ンの数奇な人生と、彼に寄り添い続けた妻エミリー
とネコのピーターの姿を描いた本作品。原題の"The
Electrical Life of Louis Wain"の意味を考えながら
鑑賞するのも一興。猫への愛に満ちた作品となって
おり、猫好き必見です。

『ルイス・ウェイン 生涯愛した妻とネコ』Blu-ray & DVD 現在発売中

発売元：キノフィルムズ／木下グループ
販売元：ハピネット・メディアマーケティング
©2021 STUDIOCANAL SAS − CHANNEL FOUR TELEVISION CORPORATION

第 7 章

猫と文学

向田 邦子 (1929-1981)
Kuniko Mukouda

　数多くの名作テレビドラマの脚本、エッセイ、小説を執筆した直木賞作家・向田邦子。ひとり暮らしを始めたとき、実家からサイアミーズを1匹、旅行先のタイ・バンコクで一目惚れしたコラット2匹、計3匹の猫と暮らしていました。3匹の中でも特にコラットのオス・マミオへの愛情はエッセイ「マハシャイ・マミオ殿（※マハシャイはタイ語で「伯爵」の意）」などからもひしひしと伝わります。また彼女の死にふれたマミオはケージに引きこもり、やっと出たのは3ヶ月後の納骨時というエピソードに涙してしまいます。

向田邦子と猫のマミオ

大佛 次郎 (1897-1973)
Jiro Osaragi

『鞍馬天狗』や『赤穂浪士』などで知られる作家・大佛次郎。猫は「一生の伴侶」と語るほどの愛猫家で、常に10数匹の猫と生活し、生涯では500匹を超える猫と暮らしました。そんな猫まみれの毎日から生まれた著作も多く、童話『スイッチョねこ』もそう。あくびをした口にスイッチョが飛び込んできた子猫の様子は、おかしくて可愛いくて子どもでなくても楽しくなります。そして猫にまつわる随想集『猫のいる日々』では、猫を生き生きと捉える描写から、作者がいつも猫を身近に感じていたことが伝わります。

大佛夫妻とシャム猫

夏目 漱石 (1867-1916)
Soseki Natsume

数多くの名作を生み出した明治の文豪・夏目漱石。
その最初の長編小説が『吾輩は猫である』です。
自身がモデルとされる中学の英語教師など当時の知
識人の生活や思考が猫の「吾輩」を通して描かれま
す。その猫のモデルは本作の執筆前に夏目家に迷
い込んだ黒色の野良猫。この猫は「ねこ」と呼ばれ、
以後3匹の飼い猫すべてに名前は付けなかったよう
です。しかし、初代「ねこ」の死後、墓標を建て、
当時の様子を『猫の墓(小品集『永日小品』に収録)』
に記すなど、深く愛していたことを窺い知ることがで
きます。

夏目漱石『吾輩は猫である』より挿絵

室生 犀星 (1889-1962)

Saisei Murou

郷愁の詩「ふるさとは遠きにありて思ふもの」が印象的な詩人・小説家の室生犀星。彼も生涯にわたり多くの猫と暮らし、たくさんの愛らしい写真が残されています。中でもひときわ人気なのが「火鉢猫」と呼ばれる愛猫・ジイノとの写真。書斎の火鉢に前足を乗せ、目を細めるジイノに向けた室生のやさしい表情がなんとも和みます。この写真は生家跡に建つ室生犀星記念館（金沢市千日町）に展示され、ジイノほか飼われていた猫の写真と詩を組み合わせた絵葉書や栞ほかオリジナルグッズも販売されています。

室生犀星と猫のジイノ

内田 百閒 (1889-1971)

Hyakken Uchida

多くの随筆、小説を執筆した内田百閒は、『吾輩は
猫である』をきっかけに夏目漱石の門下生となりま
した。後にはその続編となる『贋作吾輩は猫である』
を執筆。水甕に落ち死んだはずの「吾輩」を三十
数年後の世界へ蘇らせます。そして猫愛にあふれて
いるのが『ノラや』。戻ってこない飼い猫の失踪に困
り果て、警察へ捜索届を出し、新聞へは広告を掲
載。さらに近所の小学校へは「みなさん ノラちゃん
という猫をさがしてください」とチラシを配る様子は、
猫好きならずとも胸を打たれます。

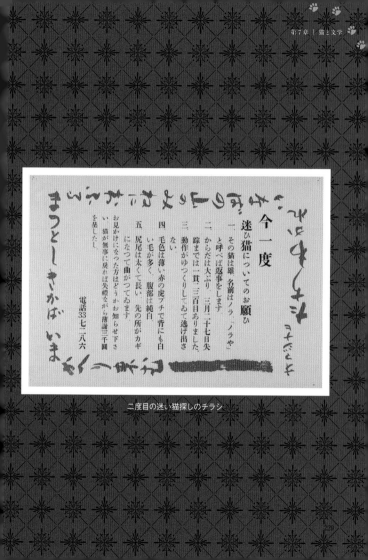

今一度

迷ひ猫についてのお願ひ

一、その猫は雄 名前はノラ「ノラや」
　と呼べば返事をします

二、からだは大ぶり 三月二十七日失
　踪までは一貫二三百目ありました。

三、動作がゆつくりしてゐて逃げ出さ
　ない

四、毛色は薄い赤の虎ブチで背にも白
　い毛が多く 腹部は純白

五、尻尾は太くて長い 先の所がカギ
　になつて曲がつてゐます

お見かけに寄つた方はどうかお知らせ下さ
い。猫が無事に戻れば失禮ながら薄謝三千圓
を呈したし

電話33七二八六

二度目の迷い猫探しのチラシ

シドニー＝ガブリエル・コレット

(1873-1954)

Sidonie-Gabrielle Colette

フランスの人気小説家・コレット。自由奔放な生き
方は映画にもなりました。愛猫家を超越し、自分も
まわりの人々もコレット自身を猫だと信じていたとい
う逸話や、パントマイムで猫を演じる写真も残され
ています。そして愛猫のシャルトリューがモデルとい
われる『牝猫』では若い新婚夫婦と飼い猫の奇妙
な三角関係を描き、『夜明け』では人間とは結婚し
たくないが大きな牡猫と結婚したいなどと綴ってい
ます。まるで猫のような作家が描くエキセントリック
な世界に圧倒されてしまいます。

コレットと猫

アーネスト・ミラー・ヘミングウェイ

(1899-1961)

Ernest Miller Hemingway

『老人と海』や『武器よさらば』などで知られるアメリカ人のノーベル文学賞作家、ヘミングウェイ。多いときには70匹近い数の猫を飼っていました。中でもヘミングウェイが可愛がったのは多指症の猫たち。指が6本あることで帆船のロープを器用に登ったり、優秀なネズミ狩りとして活躍する彼らを「幸せを運ぶ猫」と信じ、大切に育てました。ヘミングウェイの死後も自宅であったヘミングウェイ博物館（アメリカ・フロリダ州）には約50匹の猫たちが暮らし、その多くが6本指を受け継いでいるそうです。

ヘミングウェイ博物館の庭でくつろぐ猫

『ルドルフとイッパイアッテナ』(1987)
講談社

斉藤洋　杉浦範茂 絵

人間に追いかけられ、長距離トラックで東京まで運ばれてしまった黒猫ルドルフは、野良猫のイッパイアッテナと出会う。荒っぽいけど、根はやさしいイッパイアッテナと、彼に「生きる術」を教わりながら成長していくルドルフの友情の物語。

"

するとイッパイアッテナは、

「おれは、だれにでもやさしいわけじゃない。ノラね

こで生きていくのは、らくじゃない。だれにでもやさ

しくしていてみろ。自分が食べるぶんがなくならあ。

横取りしたって、食べていこうとしなけりゃ、飢え

死にさ。しっかり自分のなわばりを守っていかなけ

りゃ、おれの食いものを、だれかほかのねこがかっ

さらっていくってこった。だれにでも、やさしくなんか

していられるかよ。」

といった。そこでぼくが、

「じゃ、なんでぼくにはやさしいのさ。」

ときくと、イッパイアッテナは、そのときもまた、

「うるせえなあ。」

と、ひとこといって、むこうをむいてねむってしまった。

"

~8　キョウヨウへの第一歩~

『ブランケット・キャッツ』(2008)

朝日新聞出版

重松清

子猫のころから慣れ親しんだ毛布と共に、2泊3日
だけ貸し出されるレンタル猫・ブランケット・キャット。
猫たちを受け入れる家族は、子どものできない夫婦、
父親がリストラされた家族など、それぞれに問題を
抱えている。胸の奥が温かくなる短編集。

"

「お父さんの言ってたとおりだね、ほんとに毛布があ
れば寝ちゃうんだ、どこでも」

「ああ。でも、この毛布じゃないとだめなんだよ。生
まれたときからずーっと、そうやってしつけられてる
から」

ペットショップで聞いた話をそのまま伝えた。

「じゃあ、別の毛布だと眠れないの？」

「ああ。だから、ぜーったいに毛布だけはなくさない
でくれ、って言われたんだ」

　どこの布団屋でも売っていそうな、ベージュの無
地の毛布だった。こんな毛布一枚を頼りに、あちこ
ちの家で夜を過ごすレンタル猫を、あわれだと思い、
逆にうらやましいなとも思った。

　たとえどこに行っても、これさえあればぐっすりと
眠れる──そんな毛布に価するものが俺たちにはある
んだろうか、とため息をついた。

"

～我が家の夢のブランケット・キャット～

『猫語の教科書』(1998)

筑摩書房（ちくま文庫）

ポール・ギャリコ　灰島かり 訳　スザンヌ・サース 写真

ある日、編集者のもとに届けられた不思議な原稿。
それは猫が、ほかの猫たちに向けて書いた“人間と
うまくつきあうためのマニュアル”だった！　「人間の
家をのっとる方法」「旅行におともするコツ」「じゃま
する楽しみ」など、ユーモアあふれる名著。

"

ありがたいことに人間にも、まあ少しは知性らしきも
のがありますから、猫のいろいろななき方、いろいろ
なニャーオがいったい何を意味するのかがまんづよく
教えてあげれば、理解するようになります。
もちろん猫の世界には、人間とはまったく違ったコミュ
ニケーションの方法がありますよね。でも人間はこと
ばに頼るしかないので、猫もそうせざるを得ません。
たとえばドアの前に座り、せかす調子でニャーニャー
ないて、ついでに前足でドアをひっかいたりして、ド
アを開けてもらうのを待つとします。こうすればやが
て家族は、このニャーニャーとドアを開けてほしいこ
との関係が理解できるようになるでしょう。

"

〜じょうずな話し方〜

『猫と庄造と二人のをんな』(2013)

中央公論新社（中公文庫）

谷崎潤一郎

猫のリリーがかわいくて仕方がない庄造と、リリーに
嫉妬する庄造の妻。そこに庄造の元妻が加わって、
1匹の猫をめぐる奇妙な「三角関係」が繰り広げら
れる。無類の猫好きだった谷崎らしく、飼い主が思
わず共感する「あるある」描写が随所に。

"

さう云へば以前、庄造の寝床の中でこんな工合にゴロ〳〵云ふのを、いつも隣で聞かされながら云ひ知れぬ嫉妬を覚えたものだが、今夜は特別にそのゴロ〳〵が大きな声に聞えるのは、よつぽど上機嫌なのであらうか、それとも自分の寝床の中だと、かう云ふ風にひゞくのであらうか。彼女はリ𛄝ーの冷めたく濡れた鼻のあたまと、へんにぷよ〳〵した蹠の肉とを胸の上に感じると、全く初めての出来事なので、奇妙のやうな、嬉しいやうな心地がして、真つ暗な中で手さぐりしながら頸のあたりを撫でゝやつた。

"

「ティファニーで朝食を」(2008)

新潮社（新潮文庫）

トルーマン・カポーティ　村上春樹 訳

小説家の「僕」は同じアパートに住む新人女優ホリー・
ゴライトリーと出会う。ホリーはセレブの男性をうま
くあしらいながら生きる、自由奔放な女性だった。
ホリーは飼い猫に名前をつけない。「所有」を嫌う
彼女は、猫にもまた自由を与えようとしたのだ。

"

　彼女はまだ猫を抱きかかえていた。「かわいそうな猫
ちゃん」と彼女は猫の頭を掻きながら言った。「かわ
いそうに名前だってないんだから。名前がないのって
けっこう不便なのよね。でも私にはこの子に名前を
つける権利はない。ほんとに誰かにちゃんと飼われ
るまで、名前をもらうのは待ってもらうことになる。こ
の子とはある日、川べりで巡り会ったの。私たちは
お互い誰のものでもない。独立した人格なわけ。私
もこの子も。自分といろんなものごとがひとつになれ
る場所をみつけたとわかるまで、私はなんにも所有し
たくないの。そういう場所がどこにあるのか、今のと
ころまだわからない。でもそれがどんなところだかは
ちゃんとわかっている」、彼女は微笑んで、猫を床
に下ろした。

"

猫に捧げる言葉

猫は地上に舞い降りた精霊にちがいない

きっと雲の上だってふわりふわりと歩けるはずだ

 ジュール・ヴェルヌ
Jules Gabriel Verne

アンガス・ハイランド キャロライン・ロバーツ 著、
喜多直子 訳 /『名画のなかの猫』/ エクスナレッジ /2018

金属と瑪瑙の混じり合う、

お前の美しい眼に私を浸らせておくれ

 シャルル・ボードレール
Charles-Pierre Baudelaire

阿部良雄 訳 /『ボードレール全詩集〈1〉悪の華、
漂着物、新・悪の華』/ 筑摩書房 /1998

夏の日なかの青き猫

頬にすりつけて、美くしき、

ふかく、ゆかしく、おそろしき──

むしろ死ぬまで抱きしむる。

 北原白秋
Hakushu Kitahara

「猫」『思ひ出 抒情小曲集』／ 東雲堂書店 /1911

猫……

この世で一ばん小さな月を二つ持っている

 寺山修司
Shuji Terayama

『猫の航海日誌』／ 新書館 /1977

猫の絵本・日本編

『100万回生きたねこ』

何度死んでもまた生き返るとらねこは、ある日白いねこと出会い…。言わずと知れた不朽の名作です。

佐野洋子 作・絵 /『100万回生きたねこ』/ 講談社 /1977

『でんにゃ』

猫の電車、でんにゃが寄り道しながら進んでいきます。猫好きも電車好きも楽しめる、読み聞かせにもおすすめの一冊です。

大塚健太 作　柴田ケイコ 絵 /『でんにゃ』/ パイインターナショナル /2020

『せかいいちのねこ』

猫になりたいと願うぬいぐるみの
ニャンコが、旅先で出会う猫たち
の優しさにふれ、成長していく物
語。緻密なタッチのイラストが美
しく、プレゼントにもぴったりな
一冊です。

ヒグチユウコ 作 /『せかいいちのねこ』/ 白泉社 /2015

『ねことねこ』

黒猫や白猫、子猫から大きい猫
まで、登場する猫どうしの共通点
を探していく絵本です。ハッとす
るような目力をもつ猫たちに、子
供から大人まで魅了されること間
違いなし。

町田尚子 作 /『ねことねこ』/ こぐま社 /2019

猫の絵本・海外編

『こねこのぴっち』

スイスの代表的な画家、ハンス・フィッシャーの名作。黒猫のぴっちは、兄弟たちとは違うことをしたいと、ニワトリやアヒルの真似をして遊びに出かけます。迫力ある大型版絵本も要チェックです。

ハンス・フィッシャー 文・絵, 石井桃子 訳 /『こねこのぴっち』/ 岩波書店 /1954

『ポテト・スープが大好きな猫』

猫好きとしても有名な村上春樹氏がアメリカで散歩中に偶然見つけ、気に入って翻訳した絵本です。おじいさんと、おじいさんの作るポテト・スープが大好きな老猫の心温まる物語。

テリー・ファリッシュ 作　バリー・ルート 絵　村上春樹 訳 /『ポテト・スープが大好きな猫』/ 講談社 /2005

『いたずらこねこ』

生まれてはじめて見た亀に、こねこはびっくり仰天。池の緑にのみ色が使用されるシンプルな紙面構成で、こねこの可愛らしい動きが際立って感じられます。

バーナディン・クック 文　レミイ・シャーリップ 絵　まさきるりこ 訳 / 『いたずらこねこ』 / 福音館書店 /1964

『こねこの ねる』

うさぎやくまの絵のイメージが強いディック・ブルーナですが、『こねこの ねる』は猫がテーマ。ブルーナ作品特有の色彩で、猫の物語を楽しむことができる一冊です。

ディック・ブルーナ 文・絵　石井桃子 訳 / 『こねこの ねる』 / 福音館書店 /1968

写真・資料提供

Thomas Leirikh(p18)

Anton Akhmatov(p20)

jehandmade (p22)

SvetlanaA (p25・p88・p164)

primipil (p26)

ValentinIvantsov (p28)

slowmotiongli (p30・p33・p46)

Astrid860 (p35)

アオサン (p36・p48・p50・p88・p91・
　　　　　p94・p175・p181・p183)

jkitan (p38)

cynoclub (p40)

Helen Bloom (p43)

Nynke van Holten (p44・p48・p77・
　　　　　　　　　p90・p96・p104・
　　　　　　　　　p106・p166・p169・
　　　　　　　　　p170・p171・p174・
　　　　　　　　　p177)

Med_Ved (p48)

Okssi68 (p48)

L.S.M (p48)

Petr Jilek (p50)

Viorel Sima (p50)

Sergey Pakulin (p51)

atomosphere (p51)

CHENXI GUO (p51)

iVazoUSky (p51)

20EURO (p54・p88)

Oleksandr Volchanskyi (p56・p60・
　　　　　　　　　　　p166)

photo by Volchanskiy (p58)

kuban_girl (p62・p89)

Thomas Leirikh (p64・p168)

Dorottya_Mathe (p66)

Seregraff (p68)

eagg13 (p70)

MDavidova (p72)

Lily (p75)

madeinitaly4k (p78)

nevodka (p80)

むらやん (p82・p173)

cynoclub (p84)

dezy (p86)

MirasPictures (p89)

千藤春香 (p89)

チータン.C (p90)

Liudmila Chernetska (p90)

DenisNata (p91)

vivver (p98)

Borkin Vadim (p100・p107)

Mindaugas Dulinskas (p102)

hannadarzy (p106)

Krissi Lundgren (p107)

Utekhina Anna (p107)

GlobalP (p108・p109・p170・p172)

Dixi_ (p108)

ewastudio (p108)

Yana Shevchenko (p109)

ilyaska (p109)

Lukas Gojda (p112)

Pajor Pawel (p113)

Tashka (p114)

Stanislava Karagyozova (p115)

alexandrumagurean (p116)

主な参考文献

『世界で一番美しい猫の図鑑』

タムシン・ピッケラル／著

アリストリッド・ハリソン／写真

五十嵐友子／訳

（エクスナレッジ）

『世界中で愛される美しすぎる猫図鑑』

福田豊文／写真

今泉忠明／監修

（大和書房）

『デズモンド・モリスの猫の美術史』

デズモンド・モリス／著

柏倉美穂／訳

（エクスナレッジ）

監 修 者 紹 介

服 部　幸
（はっとり　ゆき）

獣医師　東京猫医療センター院長

JSFM（ねこ医学会）副会長

北里大学獣医学部卒業。動物病院勤務後、猫の専門病院
院長を務める。2012 年に猫の健康と幸せを第一に考えた
「東京猫医療センター」を開院。長く猫の専門医療に携わる。
監修に『猫のヒミツ 猫好き一家の猫まみれライフで学ぶ
"猫トリビア"』（KADOKAWA）、『猫が食べると危ない食
品・植物・家の中の物図鑑 ～誤食と中毒からあなたの猫
を守るために』（ねこねっこ）、『ニャンでかな？世界一楽
しく猫の気持ちを学ぶ本』（宝島社）など。

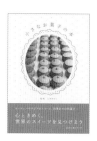

小さなお菓子の本

監修／山本ゆりこ

旅情あふれる写真とともに世界の
スイーツをご紹介。レトロな洋菓
子や文学や映画に登場するお菓
子など多彩なお菓子の世界が楽
しめます。

256ページ／1,500円+税

小さな詩の本
TOUCH YOUR HEART

監修／川口晴美

日本・海外の近・現代詩を中
心に、J-POP作品を加えた今ま
でにないアンソロジー。美しい
言葉あふれる詩の世界。

256ページ／1,500円+税

小さな言の葉の本

監修／東直子

感情、グルメ、ファッション、風
景…きらめく言葉で世界を綴ろ
う。豊かな表現をするための言
の葉を集めました。

256ページ／1,400円+税

小さな星の本

監修／渡部潤一

季節の星座や惑星などの宇宙
の話から、星にまつわる文学や
星のアート作品も紹介。想像力
で宇宙に旅立てる一冊。

256ページ／1,400円+税

小さな草花の本

編集／草花さんぽの会
オールカラー。なにげない日常
に彩りを添える、街中でみられ
る草花を紹介します。
256 ページ／ 1,400 円＋税

小さな色の本

監修／長澤陽子
絵／日江井香
伝統色や身近な商品に使われ
ている色などさまざまな色の名
前とストーリーを集めました。
256 ページ／ 1,500 円＋税

小さな詩歌集
特選

編集／世界の名詩鑑賞会
160 ページ／ 1,200 円＋税

小さな名詩集
特選

編集／世界の名詩鑑賞会
160 ページ／ 1,200 円＋税

監修　　　服部幸

イラスト　　トビマツ ショウイチロウ
装丁・本文デザイン　キムラナオミ (2P Collaboration)
執筆協力　　河野貴史 (2P Collaboration)
画像提供　　PIXTA・iStock・Shutterstock

編集人　　　安永敏史 (リベラル社)
編集　　　　中村彩 (リベラル社)
校正　　　　合田真子
DTP　　　　尾本卓弥 (リベラル社)
営業　　　　澤順二 (リベラル社)
制作・営業コーディネーター　仲野進 (リベラル社)
広報マネジメント　伊藤光恵 (リベラル社)

編集部　　　杉本礼央菜・木田秀和
営業部　　　津村卓・津田滋春・廣田修・青木ちはる・竹本健志・
　　　　　　持丸孝・坂本鈴佳

小さな猫の本

2023 年 11 月 26 日　初版発行

編　集　　　リベラル社
発行者　　　隅田 直樹
発行所　　　株式会社 リベラル社
　　　　　　〒460-0008 名古屋市中区栄 3-7-9 新鏡栄ビル 8F
　　　　　　TEL 052-261-9101　FAX 052-261-9134
　　　　　　http://liberalsya.com
発　売　　　株式会社 星雲社 (共同出版社・流通責任出版社)
　　　　　　〒112-0005 東京都文京区水道 1-3-30
　　　　　　TEL 03-3868-3275
印刷・製本所　株式会社シナノパブリッシングプレス

©Liberalsya 2023 Printed in Japan
ISBN978-4-434-32933-3　C0076
落丁・乱丁本は送料弊社負担にてお取り替え致します。